Sitzungsberichte
der
Heidelberger Akademie der Wissenschaften
Stiftung Heinrich Lanz

Mathematisch-naturwissenschaftliche Klasse

* *Im Verlag von Carl Winters Universitätsbuchhandlung in Heidelberg erschienen:*

Abteilung A. Mathematisch-physikalische Wissenschaften.

Jahrgang 1921.

1. FRANZEN, H. Über die chem. Bestandteile grüner Pflanzen. **12.** Mitteilung: Über die flüchtigen Bestandteile der Eichenblätter.
2. KÖNIGSBERGER, L. Über partielle Differentialgleichungen erster Ordnung.
3. HEFFTER, L., und W. STOLLENWERK. Über Scharen gleichberechtigter Koordinatensysteme. Mit 3 Textabbildungen.
4. PERRON, OSKAR. Über die Approximation irrationaler Zahlen durch rationale. I.
5. LIEBMANN, HEINRICH. Der geometrische Aufbau der Bäcklundschen Transformation.
6. EISENHUT, O. Über Kathodenstrahlintensitätsmessung durch feste Kondensatoren.
7. KÖNIGSBERGER, LEO. Über vollständige Integrale partieller Differentialgleichungen erster Ordnung.
8. PERRON, OSKAR. Über die Approximation irrationaler Zahlen durch rationale. II.
9. LIEBMANN, HEINRICH. Flächen mit einer vorgeschriebenen Schar geodätischer Parallelkurven.
10. BALDUS, RICHARD. Über die Flächen, welche die Strahlen eines Bündels unter festem Winkel schneiden.
11. KÖNIGSBERGER, LEO. Die Erweiterung des Helmholtzschen Princips von der verborgenen Bewegung und den unvollständigen Problemen auf kinetische Potentiale beliebiger Ordnung.

Abteilung B. Biologische Wissenschaften.

Jahrgang 1921.

1. KOSSEL, A. Über die Beziehungen der Biochemie zu den morphologischen Wissenschaften.
2. HELLPACH, WILLY. Das fränkische Gesicht. Untersuchungen zur Physiognomik der deutschen Volksstämme. I. Folge.

PREISE WERDEN AUF ANFRAGE MITGETEILT

---

* Bestellungen auf solche Veröffentlichungen der math.-naturw. Klasse, welche früher im Verlag von Carl Winters Universitätsbuchhandlung in Heidelberg erschienen sind nimmt auch der Verlag Walter de Gruyter & Co., Berlin, entgegen.

Sitzungsberichte
der Heidelberger Akademie der Wissenschaften
Stiftung Heinrich Lanz
Mathematisch-naturwissenschaftliche Klasse
Jahrgang 1926. 3. Abhandlung.

Über die Oberfläche von Flächenstücken

Von

Max Müller
in Heidelberg

Eingegangen am 4. März 1926

Vorgelegt von Herrn Liebmann
in der Sitzung vom 13. Februar 1926

Berlin und Leipzig 1926
Walter de Gruyter & Co.
vormals G. J. Göschen'sche Verlagshandlung / J. Guttentag, Verlagsbuchhandlung / Georg Reimer / Karl J. Trübner / Veit & Comp.

Über die Oberfläche von Flächenstücken.

§ 1.

Voraussetzungen, Bezeichnungen, Ergebnisse.

Die Funktionen

$$(1)\qquad x = x(u,v),\ y = y(u,v),\ z = z(u,v)$$

seien in einem abgeschlossenen Bereich $\mathfrak{B}+\mathfrak{R}$ der (u,v)-Ebene zweimal stetig differentiierbar; jede Gerade $u = \text{const.}$ und jede Gerade $v = \text{const.}$ habe mit $\mathfrak{R}$ nur eine endliche Anzahl von Teilen gemeinsam, wobei unter den gemeinsamen Teilen Punkte oder Linienstücke verstanden sein sollen. Die Randkurve $\mathfrak{R}$ sei frei von Selbstüberschneidungen und lasse eine Parameterdarstellung

$$u = u(s),\quad v = v(s)$$

zu, in welcher $u(s)$ und $v(s)$ stetige und, von endlich vielen Ecken und Spitzen der Randkurve erforderlichenfalls abgesehen, stetig differentiierbare Funktionen der Bogenlänge s sind.

Die Fundamentalgrößen erster Ordnung seien in üblicher Weise

$$(2)\qquad \begin{cases} E = E(x,y,z) = (x'_u)^2 + (y'_u)^2 + (z'_u)^2 = \mathfrak{x}_u^2, \\ F = F(x,y,z) = x'_u x'_v + y'_u y'_v + z'_u z'_v = \mathfrak{x}_u \mathfrak{x}_v, \\ G = G(x,y,z) = (x'_v)^2 + (y'_v)^2 + (z'_v)^2 = \mathfrak{x}_v^2; \end{cases}$$

in $\mathfrak{B}+\mathfrak{R}$ sei $EG - F^2 > 0$.[1])

Sind $\varphi = \varphi(u,v)$ und $\psi = \psi(u,v)$ zwei in $\mathfrak{B}+\mathfrak{R}$ zweimal stetig differentiierbare Funktionen, so werde zur Abkürzung

$$(3)\qquad \nabla(\varphi,\psi) = \frac{E\dfrac{\partial\varphi}{\partial v}\dfrac{\partial\psi}{\partial v} - F\left[\dfrac{\partial\varphi}{\partial u}\dfrac{\partial\psi}{\partial v} + \dfrac{\partial\varphi}{\partial v}\dfrac{\partial\psi}{\partial u}\right] + G\dfrac{\partial\varphi}{\partial u}\dfrac{\partial\psi}{\partial u}}{EG - F^2},$$

$$(4)\qquad P(\varphi) = \frac{G\dfrac{\partial\varphi}{\partial u} - F\dfrac{\partial\varphi}{\partial v}}{\sqrt{EG-F^2}},\quad Q(\varphi) = \frac{E\dfrac{\partial\varphi}{\partial v} - F\dfrac{\partial\varphi}{\partial u}}{\sqrt{EG-F^2}},$$

$$(5)\qquad D(\varphi) = \frac{\partial P(\varphi)}{\partial u} + \frac{\partial Q(\varphi)}{\partial v}$$

---

[1]) Die Bezeichnungsweise schließt sich an W. Blaschke, Vorlesungen über Differentialgeometrie und geometrische Grundlagen von Einsteins Relativitätstheorie, Bd. I (Berlin, J. Springer, 2. Auflage, 1924) an.

gesetzt; es ist $\nabla(\varphi, \psi)$ der erste Differentiator von BELTRAMI, und zwischen $D(\varphi)$ und dem zweiten Differentiator von BELTRAMI

$$\Delta \varphi = \frac{1}{\sqrt{EG-F^2}} \left\{ \frac{\partial}{\partial v} \left(\frac{E\frac{\partial \varphi}{\partial v} - F\frac{\partial \varphi}{\partial u}}{\sqrt{EG-F^2}} \right) + \frac{\partial}{\partial u} \left(\frac{G\frac{\partial \varphi}{\partial u} - F\frac{\partial \varphi}{\partial v}}{\sqrt{EG-F^2}} \right) \right\}$$

besteht die Beziehung

$$\Delta \varphi = \frac{D(\varphi)}{\sqrt{EG-F^2}}.\tag{6}$$ [1])

Die Fundamentalgrößen zweiter Ordnung sind

$$\tag{7} \left\{ \begin{aligned} L &= \frac{1}{\sqrt{EG-F^2}} \begin{vmatrix} x''_{uu} & x'_u & x'_v \\ y''_{uu} & y'_u & y'_v \\ z''_{uu} & z'_u & z'_v \end{vmatrix}, \quad M = \frac{1}{\sqrt{EG-F^2}} \begin{vmatrix} x''_{uv} & x'_u & x'_v \\ y''_{uv} & y'_u & y'_v \\ z''_{uv} & z'_u & z'_v \end{vmatrix}, \\ N &= \frac{1}{\sqrt{EG-F^2}} \begin{vmatrix} x''_{vv} & x'_u & x'_v \\ y''_{vv} & y'_u & y'_v \\ z''_{vv} & z'_u & z'_v \end{vmatrix}; \end{aligned} \right.$$

mittels derselben ergibt sich für die mittlere Krümmung des durch die Gleichungen (1) dargestellten Flächenstückes:

$$2H = 2H(x,y,z) = \frac{EN - 2FM + GL}{EG - F^2}$$

$$\tag{8} = \frac{1}{(EG-F^2)^{\frac{3}{2}}} \begin{vmatrix} Ex''_{vv} - 2Fx''_{uv} + Gx''_{uu} & x'_u & x'_v \\ Ey''_{vv} - 2Fy''_{uv} + Gy''_{uu} & y'_u & y'_v \\ Ez''_{vv} - 2Fz''_{uv} + Gz''_{uu} & z'_u & z'_v \end{vmatrix};$$

vertauscht man zwei der Koordinaten x, y, z, so bleiben die symmetrischen Funktionen E, F, G ungeändert, und $H(x, y, z)$ wechselt sein Vorzeichen.

Die Richtungscosinus der Normalen der Fläche (1) mögen mit

$$\tag{9} X = \frac{y'_u z'_v - z'_u y'_v}{\sqrt{EG-F^2}}, \quad Y = \frac{z'_u x'_v - x'_u z'_v}{\sqrt{EG-F^2}}, \quad Z = \frac{x'_u y'_v - y'_u x'_v}{\sqrt{EG-F^2}}$$

bezeichnet werden.

In § 2 wird unter der Voraussetzung, daß die Parameterkurven Krümmungslinien der Fläche sind, für die Oberfläche des Flächenstückes (1) mit Verwenduug eines von Herrn BLASCHKE angegebenen Gedankenganges die Formel

---

[1]) Vgl. BLASCHKE, a. a. O. §§ 66, 67. Für uns sind $\nabla(\varphi, \psi)$ und $D(\varphi)$ nur Abkürzungen; von diesem Standpunkt aus wäre es unbegründet, von vornherein $\Delta\varphi$ einzuführen.

$$(A)\qquad O=\frac{1}{2}\oint_{(\mathfrak{R})}\begin{vmatrix} x, x'_u\frac{du}{ds}+x'_v\frac{dv}{ds}, X \\ y, y'_u\frac{du}{ds}+y'_v\frac{dv}{ds}, Y \\ z, z'_u\frac{du}{ds}+z'_v\frac{dv}{ds}, Z \end{vmatrix} ds-\frac{1}{2}\iint_{(\mathfrak{B})} 2H\begin{vmatrix} x & x'_u & x'_v \\ y & y'_u & y'_v \\ z & z'_u & z'_v \end{vmatrix} du\,dv$$

hergeleitet.

In § 3 wird dann ohne Einschränkung der Art der Parameterkurven die Formel

$$(B)\qquad \begin{aligned} O=\frac{1}{4}\oint_{(\mathfrak{R})}&\left\{\frac{G\frac{\partial\mathfrak{x}^2}{\partial u}\frac{dv}{ds}-E\frac{\partial\mathfrak{x}^2}{\partial v}\frac{du}{ds}}{\sqrt{EG-F^2}}+\frac{F}{\sqrt{EG-F^2}}\left[\frac{\partial\mathfrak{x}^2}{\partial u}\frac{du}{ds}-\frac{\partial\mathfrak{x}^2}{\partial v}\frac{dv}{ds}\right]\right\}ds \\ &-\frac{1}{2}\iint_{(\mathfrak{B})}\Big[x\,D(x)+y\,D(y)+z\,D(z)\Big]du\,dv \end{aligned}$$

gewonnen, wo zur Abkürzung

$$(10)\qquad \mathfrak{x}^2=x^2+y^2+z^2$$

gesetzt ist. Verwendet man insbesondere ein isothermes Parametersystem ($E=G$; $F=0$) und bezeichnet mit $\frac{\partial\mathfrak{x}^2}{\partial n}$ die Ableitung von $\mathfrak{x}^2$ nach der in das Innere von $\mathfrak{B}$ gerichteten Normalen von $\mathfrak{R}$, so nimmt (B) die einfache Gestalt

$$(B')\qquad \begin{aligned} O=-\frac{1}{4}\oint_{(\mathfrak{R})}\frac{\partial\mathfrak{x}^2}{\partial n}ds-\frac{1}{2}\iint_{(\mathfrak{B})}&\left[x\left(\frac{\partial^2x}{\partial u^2}+\frac{\partial^2x}{\partial v^2}\right)+y\left(\frac{\partial^2y}{\partial u^2}+\frac{\partial^2y}{\partial v^2}\right)\right. \\ &\left.+z\left(\frac{\partial^2z}{\partial u^2}+\frac{\partial^2z}{\partial v^2}\right)\right]du\,dv \end{aligned}$$

an.

Der § 4 enthält den Nachweis, daß auch bei beliebiger Wahl des Systemes der Parameterkurven die rechten Seiten der Formeln (A) und (B) übereinstimmen; die Formel (A) gilt also auch für ein beliebiges Parametersystem. Und zwar wird in Nr. 1 gezeigt, daß die Integranden in den Randintegralen übereinstimmen; in Nr. 2 werden die Gleichungen

$$(C)\qquad \begin{cases} \Delta x=2H\cdot X \\ \Delta y=2H\cdot Y \\ \Delta z=2H\cdot Z \end{cases}$$

bewiesen, deren jede für den Fall, daß die Fläche in der Form $z=f(x,y)$ gegeben ist, also eine Parameterdarstellung

$$x=u,\ y=v,\ z=f(u,v)$$

zuläßt, in die schon 1776 von MEUSNIER angegebene bekannte Beziehung

$$2H=\frac{\left[1+\left(\frac{\partial z}{\partial y}\right)^2\right]\frac{\partial^2 z}{\partial x^2}-2\frac{\partial z}{\partial x}\frac{\partial z}{\partial y}\frac{\partial^2 z}{\partial x\partial y}+\left[1+\left(\frac{\partial z}{\partial x}\right)^2\right]\frac{\partial^2 z}{\partial y^2}}{\left[1+\left(\frac{\partial z}{\partial x}\right)^2+\left(\frac{\partial z}{\partial y}\right)^2\right]^{\frac{3}{2}}}$$

übergeht.[1]) Aus (C) ergibt sich noch sofort die von den Richtungscosinus der Flächennormalen freie Formel

$$4H^2=(\Delta x)^2+(\Delta y)^2+(\Delta z)^2.$$

Aus den Gleichungen (C) folgt wegen (6) und (9), daß

$$D(x)=2H\begin{vmatrix} y'_u & y'_v \\ z'_u & z'_v \end{vmatrix},\quad D(y)=2H\begin{vmatrix} z'_u & z'_v \\ x'_u & x'_v \end{vmatrix},\quad D(z)=2H\begin{vmatrix} x'_u & x'_v \\ y'_u & y'_v \end{vmatrix},$$

und hieraus die Identität der Integranden in den Doppelintegralen der Formeln (A) und (B). Die Formel (B) kann in wenigen Zeilen gewonnen werden; ihre Überführung in die Form (A) erfordert allerdings dann etwas mehr Rechnung; trotzdem dürfte der hiermit gelieferte zweite Beweis von (A) noch einfacher sein als der auf GAUSS und Herrn BLASCHKE zurückgehende erste Beweis.

In § 5 werden die Ergebnisse auf Minimalflächen angewendet. Das Flächenstück (1) ist ein Minimalflächenstück, wenn

$$\text{(D)}\qquad \begin{cases} D(x)=\dfrac{\partial}{\partial u}\left(\dfrac{Gx'_u-Fx'_v}{\sqrt{EG-F^2}}\right)+\dfrac{\partial}{\partial v}\left(\dfrac{Ex'_v-Fx'_u}{\sqrt{EG-F^2}}\right)=0,\\ D(y)=\dfrac{\partial}{\partial u}\left(\dfrac{Gy'_u-Fy'_v}{\sqrt{EG-F^2}}\right)+\dfrac{\partial}{\partial v}\left(\dfrac{Ey'_v-Fy'_u}{\sqrt{EG-F^2}}\right)=0,\\ D(z)=\dfrac{\partial}{\partial u}\left(\dfrac{Gz'_u-Fz'_v}{\sqrt{EG-F^2}}\right)+\dfrac{\partial}{\partial v}\left(\dfrac{Ez'_v-Fz'_u}{\sqrt{EG-F^2}}\right)=0\,^{2)}, \end{cases}$$

also, wie wir jetzt aus den Gleichungen (C) ohne weiteres schließen können, wenn $H=0$ ist. Dann fallen in den Formeln (A), (B) und (B′) die Doppelintegrale weg; (A) geht über in die bekannte SCHWARZsche Formel für die Oberfläche eines Minimalflächenstückes[3]),

[1]) Vgl. etwa V. und K. KOMMERELL, Allgemeine Theorie der Raumkurven und Flächen, Bd. I (2. Auflage, Leipzig, G. J. Göschen, 1909) Seite 116 und derselben Verfasser Spezielle Flächen und Theorie der Strahlensysteme (Leipzig, G. J. Göschen, 1911) Seite 12.

[2]) Vgl. etwa O. BOLZA, Vorlesungen über Variationsrechnung (Leipzig und Berlin, B. G. Teubner, 1909), Seite 667.

[3]) H. A. SCHWARZ, Gesammelte mathematische Abhandlungen, Bd. I (Berlin, J. Springer, 1890), Seite 178. Vgl. W. BLASCHKE, a. a. O., §§ 93, 94. SCHWARZ benützt bei der Herleitung die WEIERSTRASZsche Darstellung für Minimalflächen, also isotherme Parameter, Herr BLASCHKE setzt voraus, daß die Parameterkurven

die für den Fall isothermer Parameter nach (B′) in die besonders einfache Form

$$O_m = -\frac{1}{4} \oint\limits_{(\mathfrak{R})} \frac{\partial \mathfrak{x}^2}{\partial n} ds$$

gebracht werden kann.

§ 2.
Herleitung der Formel (A).

Im Anschluß an GAUSS[1]) hat Herr BLASCHKE[2]) für die erste Variation der Oberfläche eines Flächenstückes

$$x = x(u, v),\ y = y(u, v),\ z = z(u, v),$$

auf welchem die Kurven $u =$ const. und $v =$ const. Krümmungslinien sind, die folgende Formel:

$$(11)\quad \begin{aligned} \delta O &= \oint\limits_{(\mathfrak{R})} (\delta \mathfrak{x}, d\mathfrak{x}, \xi) - \iint\limits_{(\mathfrak{B})} 2H(\delta\mathfrak{x}, \mathfrak{x}'_u, \mathfrak{x}'_v)\, du\, dv \\ &= \oint\limits_{(\mathfrak{R})} \begin{vmatrix} \delta x, x'_u \frac{du}{ds} + x'_v \frac{dv}{ds}, X \\ \delta y, y'_u \frac{du}{ds} + y'_v \frac{dv}{ds}, Y \\ \delta z, z'_u \frac{du}{ds} + z'_v \frac{dv}{ds}, Z \end{vmatrix} ds - \iint\limits_{(\mathfrak{B})} 2H \begin{vmatrix} \delta x & x'_u & x'_v \\ \delta y & y'_u & y'_v \\ \delta z & z'_u & z'_v \end{vmatrix} du\, dv \end{aligned}$$

und aus ihr die SCHWARZsche Formel für die Oberfläche eines Minimalflächenstückes hergeleitet. Wir wollen zeigen, daß die Methode des Herrn BLASCHKE auch bei einer beliebigen Fläche anwendbar ist.

Die Fläche (1), deren Oberfläche wir berechnen wollen, werde mit $\mathfrak{F}$ bezeichnet. Neben derselben betrachten wir eine Schar ähnlicher und bezüglich des Koordinatenursprungs ähnlich gelegener Flächen $\mathfrak{F}_\lambda$ mit den Parameterdarstellungen

$$(12)\qquad x = \lambda x(u, v),\ y = \lambda y(u, v),\ z = \lambda z(u, v)\ \ (0 < \lambda \leqq 1);$$

Krümmungslinien sind; nun bilden aber auf einer Minimalfläche die Krümmungslinien ein isothermes Netz, vgl. G. SCHEFFERS, Anwendung der Differential- und Integralrechnung auf Geometrie, Bd. II, Leipzig, Veit & Co., 1913, Seite 317; Herr BLASCHKE macht also bezüglich der Parameterkurven dieselbe Voraussetzung wie SCHWARZ.

[1]) Principia generalia theoriae figurae fluidorum in statu aequilibri, Werke, Bd. 5, Seite 31—77, besonders Seite 56—66.

[2]) W. BLASCHKE, a. a. O. § 93.

die Größen, die sich auf die Fläche $\mathfrak{F}_\lambda$ beziehen, bekommen die Fußmarke λ, die Größen, die sich auf die Fläche (1) beziehen, also die Fußmarke 1, doch wollen wir diese der Einfachheit wegen auch weglassen.

Es ist nach (2), (7), (8) und (12):

$$E_\lambda = \lambda^2 E_1,\ F_\lambda = \lambda^2 F_1,\ G_\lambda = \lambda^2 G_1;\ L_\lambda = \lambda L_1,\ M_\lambda = \lambda M_1,\ N_\lambda = \lambda N_1,$$

$$2\,H_\lambda = \frac{1}{\lambda}\,2\,H_1.$$

Da auf der Fläche (1) die Parameterkurven Krümmungslinien sind, ist

$$F_1 = 0,\ M_1 = 0;$$

also auch

$$F_\lambda = 0,\ M_\lambda = 0;$$

es sind demnach auf jeder Fläche unserer Schar die Parameterkurven Krümmungslinien; wir können die Formel (10) auf jede Fläche der Schar anwenden; beachten wir noch, daß nach (9) und (12)

$$X_\lambda = X_1,\ Y_\lambda = Y_1,\ Z_\lambda = Z_1$$

und

$$\delta x_\lambda = \delta\lambda \cdot x(u,v),\ \delta y_\lambda = \delta\lambda \cdot y(u,v),\ \delta z_\lambda = \delta\lambda \cdot z(u,v),$$

so ergibt sich aus (1):

$$\delta O_\lambda = \lambda\delta\lambda \oint\limits_{(\mathfrak{R})} \begin{vmatrix} x, x'_u \frac{du}{ds} + x'_v \frac{dv}{ds}, X \\ y, y'_u \frac{du}{ds} + y'_v \frac{dv}{ds}, Y \\ z, z'_u \frac{du}{ds} + z'_v \frac{dv}{ds}, Z \end{vmatrix} ds - \frac{\lambda^2\,\delta\lambda}{\lambda} \iint\limits_{(\mathfrak{B})} 2\,H \begin{vmatrix} x & x'_u & x'_v \\ y & y'_u & y'_v \\ z & z'_u & z'_v \end{vmatrix} du\,dv;$$

durch Integration nach λ zwischen den Grenzen 0 und 1 erhält man wegen $O_0 = 0$ hieraus:

$$\text{(A)}\qquad O = \frac{1}{2} \oint\limits_{(\mathfrak{R})} \begin{vmatrix} x, x'_u \frac{du}{ds} + x'_v \frac{dv}{ds}, X \\ y, y'_u \frac{du}{ds} + y'_v \frac{dv}{ds}, Y \\ z, z'_u \frac{du}{ds} + z'_v \frac{dv}{ds}, Z \end{vmatrix} ds - \frac{1}{2} \iint\limits_{(\mathfrak{B})} 2\,H \begin{vmatrix} x & x'_u & x'_v \\ y & y'_u & y'_v \\ z & z'_u & z'_v \end{vmatrix} du\,dv.$$

Die Integrationselemente haben eine einfache geometrische Bedeutung; für das Randintegral ist dieselbe schon von SCHWARZ angegeben worden. Es ist

$$\frac{1}{2}\begin{vmatrix} x, x'_u \frac{du}{ds} + x'_v \frac{dv}{ds}, X \\ y, y'_u \frac{du}{ds} + y'_v \frac{dv}{ds}, Y \\ z, z'_u \frac{du}{ds} + z'_v \frac{dv}{ds}, Z \end{vmatrix} = \frac{1}{2}\begin{vmatrix} x & dx & X \\ y & dy & Y \\ z & dz & Z \end{vmatrix} = I_x \cos(\nu, x) + I_y \cos(\nu, y) + I_z \cos(\nu, z);$$

dabei bedeutet I_x den Inhalt der Projektion des durch die Punkte $(0, 0, 0)$, (x, y, z) und $(x + dx,\ y + dy,\ z + dz)$ bestimmten Dreiecks auf die Ebene $x = 0$, I_y den Inhalt der Projektion desselben Dreiecks auf die Ebene $y = 0$, I_z den Inhalt der Projektion auf die Ebene $z = 0$ und ν die Flächennormale im Punkt (x, y, z); bezeichnet man den Inhalt dieses Dreiecks mit df, die Normale seiner Ebene mit ν', den Neigungswinkel dieser Ebene gegen die Tangentialebene im Punkt (x, y, z) mit $\tilde{\omega} = (\nu, \nu')$, so ergibt sich für das Integrationselement des Randintegrales also

$$\begin{aligned} & I_x \cos(\nu, x) + I_y \cos(\nu, y) + I_z \cos(\nu, z) \\ = & \, df[\cos(\nu', x)\cos(\nu, x) + \cos(\nu', y)\cos(\nu, y) + \cos(\nu', z)\cos(\nu, z)] \\ = & \, df \cos\tilde{\omega}. \end{aligned}$$

Das Integrationselement des Doppelintegrales läßt sich folgendermaßen schreiben:

$$H \begin{vmatrix} x & x'_u & x'_v \\ y & y'_u & y'_v \\ z & z'_u & z'_v \end{vmatrix} du\, dv = H[xX + yY + zZ]\sqrt{EG - F^2}\, du\, dv;$$

es ist also gleich dem Produkt aus dem arithmetischen Mittel der Hauptkrümmungen der Fläche im Punkt (x, y, z), dem zu diesem Punkt gehörigen Flächenelement und dem Abstand der Tangentialebene in diesem Punkt vom Koordinatenursprung.

§ 3.

Herleitung der Formel (B).

Es ist für zwei beliebige, in $\mathfrak{B} + \mathfrak{R}$ zweimal stetig differentiierbare Funktionen $\varphi(u, v)$ und $\psi(u, v)$ und ein beliebiges Parametersystem

$$(13) \quad \iint\limits_{(\mathfrak{B})} \nabla(\varphi, \psi)\sqrt{EG - F^2}\, du\, dv = \oint\limits_{(\mathfrak{R})} \psi \left[P(\varphi)\frac{dv}{ds} - Q(\varphi)\frac{du}{ds}\right] ds - \iint\limits_{(\mathfrak{B})} \psi\, D(\varphi)\, du\, dv.^{1)}$$

[1]) Vgl. etwa W. Blaschke, a. a. O. §§ 67, 68.

Setzt man der Reihe nach in dieser Formel

$$\varphi(u,v)=\psi(u,v)=x(u,v),$$
$$\varphi(u,v)=\psi(u,v)=y(u,v),$$
$$\varphi(u,v)=\psi(u,v)=z(u,v),$$

so entstehen die Gleichungen

$$\iint\limits_{(\mathfrak{B})} \nabla(x,x)\sqrt{EG-F^2}\,du\,dv=\oint\limits_{(\mathfrak{R})} x\left[P(x)\frac{dv}{ds}-Q(x)\frac{du}{ds}\right]ds - \iint\limits_{(\mathfrak{B})} x\,D(x)\,du\,dv,$$

$$\iint\limits_{(\mathfrak{B})} \nabla(y,y)\sqrt{EG-F^2}\,du\,dv=\oint\limits_{(\mathfrak{R})} y\left[P(y)\frac{dv}{ds}-Q(y)\frac{du}{ds}\right]ds - \iint\limits_{(\mathfrak{B})} y\,D(y)\,du\,dv,$$

$$\iint\limits_{(\mathfrak{B})} \nabla(z,z)\sqrt{EG-F^2}\,du\,dv=\oint\limits_{(\mathfrak{R})} z\left[P(z)\frac{dv}{ds}-Q(z)\frac{du}{ds}\right]ds - \iint\limits_{(\mathfrak{B})} z\,D(z)\,du\,dv.$$

Da nach (3), (4) und (10)

$$\nabla(x,x)+\nabla(y,y)+\nabla(z,z)=2,$$
$$x\,P(x)+y\,P(y)+z\,P(z)=\frac{1}{2\sqrt{EG-F^2}}\left\{G\frac{\partial\mathfrak{x}^2}{\partial u}-F\frac{\partial\mathfrak{x}^2}{\partial v}\right\},$$
$$x\,Q(x)+y\,Q(y)+z\,Q(z)=\frac{1}{2\sqrt{EG-F^2}}\left\{E\frac{\partial\mathfrak{x}^2}{\partial v}-F\frac{\partial\mathfrak{x}^2}{\partial u}\right\},$$

ergibt Addition dieser Gleichungen und nachherige Division durch 2 für die Oberfläche des Flächenstückes (1) die Formel

$$O=\iint\limits_{(\mathfrak{B})}\sqrt{EG-F^2}\,du\,dv$$

$$\text{(B)}\qquad =\frac{1}{4}\oint\limits_{(\mathfrak{R})}\left\{\frac{G\dfrac{\partial\mathfrak{x}^2}{\partial u}\dfrac{dv}{ds}-E\dfrac{\partial\mathfrak{x}^2}{\partial v}\dfrac{du}{ds}}{\sqrt{EG-F^2}}+\frac{F}{\sqrt{EG-F^2}}\left[\frac{\partial\mathfrak{x}^2}{\partial u}\frac{du}{ds}-\frac{\partial\mathfrak{x}^2}{\partial v}\frac{dv}{ds}\right]\right\}ds$$
$$-\frac{1}{2}\iint\limits_{(\mathfrak{B})}\left[x\,D(x)+y\,D(y)+z\,D(z)\right]du\,dv.$$

Bilden die Parameterkurven ein isothermes Netz, so wird $E=G$, $F=0$, und (B) nimmt die einfache Gestalt

$$(\mathrm{B}')\quad \begin{aligned} O=&\frac{1}{4}\oint_{(\mathfrak{R})}\left\{\frac{\partial\mathfrak{x}^2}{\partial u}\frac{dv}{ds}-\frac{\partial\mathfrak{x}^2}{\partial v}\frac{du}{ds}\right\}ds\\ &-\frac{1}{2}\iint_{(\mathfrak{B})}\left[x\left(\frac{\partial^2x}{\partial u^2}+\frac{\partial^2x}{\partial v^2}\right)+y\left(\frac{\partial^2y}{\partial u^2}+\frac{\partial^2y}{\partial v^2}\right)+z\left(\frac{\partial^2z}{\partial u^2}+\frac{\partial^2z}{\partial v^2}\right)\right]du\,dv\end{aligned}$$

an. Bezeichnet man mit n die in das Innere von $\mathfrak{B}$ gerichtete Normale von $\mathfrak{R}$, so ist

$$\frac{dv}{ds}=-\frac{du}{dn},\quad \frac{du}{ds}=\frac{dv}{dn},$$

also

$$\frac{\partial\mathfrak{x}^2}{\partial u}\frac{dv}{ds}-\frac{\partial\mathfrak{x}^2}{\partial v}\frac{du}{ds}=-\left(\frac{\partial\mathfrak{x}^2}{\partial u}\frac{du}{dn}+\frac{\partial\mathfrak{x}^2}{\partial v}\frac{dv}{dn}\right)=-\frac{\partial\mathfrak{x}^2}{\partial n};$$

(B′) läßt sich demnach auch folgendermaßen schreiben:

$$\begin{aligned} O=-\frac{1}{4}\oint_{(\mathfrak{R})}\frac{\partial\mathfrak{x}^2}{\partial n}ds-\frac{1}{2}\iint_{(\mathfrak{B})}\Big[x\left(\frac{\partial^2x}{\partial u^2}+\frac{\partial^2x}{\partial v^2}\right)+y\left(\frac{\partial^2y}{\partial u^2}+\frac{\partial^2y}{\partial v^2}\right)\\ +z\left(\frac{\partial^2z}{\partial u^2}+\frac{\partial^2z}{dv^2}\right)\Big]du\,dv.\end{aligned}$$

§ 4.

Überführung der Formel (B) in die Form (A).

1. Die Parameterkurven seien wiederum beliebig gewählt. Die Gleichheit der Integranden der Randintegrale in den Formeln (A) und (B), d. h. der Ausdrücke

$$\frac{1}{2}\begin{vmatrix} x, & x'_u\frac{du}{ds}+x'_v\frac{dv}{ds}, & X\\ y, & y'_u\frac{du}{ds}+y'_v\frac{dv}{ds}, & Y\\ z, & z'_u\frac{du}{ds}+z'_v\frac{dv}{ds}, & Z\end{vmatrix}-\frac{1}{2\sqrt{EG-F^2}}\begin{vmatrix} x, & x'_u\frac{du}{ds}+x'_v\frac{dv}{ds}, & y'_uz'_v-z'_uy'_v\\ y, & y'_u\frac{du}{ds}+y'_v\frac{dv}{ds}, & z'_ux'_v-x'_uz'_v\\ z, & z'_u\frac{du}{ds}+z'_v\frac{dv}{ds}, & x'_uy'_v-y'_ux'_v\end{vmatrix}$$

und

$$\frac{1}{4}\left\{\frac{G\dfrac{\partial\mathfrak{x}^2}{\partial u}\dfrac{dv}{ds}-E\dfrac{\partial\mathfrak{x}^2}{\partial v}\dfrac{du}{ds}}{\sqrt{EG-F^2}}+\frac{F}{\sqrt{EG-F^2}}\left[\frac{\partial\mathfrak{x}^2}{\partial u}\frac{du}{ds}-\frac{\partial\mathfrak{x}^2}{\partial v}\frac{dv}{ds}\right]\right\}$$

wird bewiesen sein, sobald dies für die Ausdrücke

$$\begin{vmatrix} x, x'_u \frac{du}{ds} + x'_v \frac{dv}{ds}, y'_u z'_v - z'_u y'_v \\ y, y'_u \frac{du}{ds} + y'_v \frac{dv}{ds}, z'_u x_v - x'_u z'_v \\ z, z'_u \frac{du}{ds} + z'_v \frac{dv}{ds}, x'_u y'_v - y'_u x'_v \end{vmatrix}$$

und

$$\frac{1}{2}\left\{ G \frac{\partial \mathfrak{x}^2}{\partial u} \frac{dv}{ds} - E \frac{\partial \mathfrak{x}^2}{\partial v} \frac{du}{ds} + F \frac{\partial \mathfrak{x}^2}{\partial u} \frac{du}{ds} - F \frac{\partial \mathfrak{x}^2}{\partial v} \frac{dv}{ds} \right\}$$

$$= G\, \mathfrak{x}\mathfrak{x}'_u \frac{dv}{ds} - E\, \mathfrak{x}\mathfrak{x}'_v \frac{du}{ds} + F\, \mathfrak{x}\mathfrak{x}'_u \frac{du}{ds} - F\, \mathfrak{x}\mathfrak{x}'_v \frac{dv}{ds}$$

$$= x \left[(G x'_u - F x'_v) \frac{dv}{ds} + (F x'_u - E x'_v) \frac{du}{ds} \right]$$

$$+ y \left[(G y'_u - F y'_v) \frac{dv}{ds} + (F y'_u - E y'_v) \frac{du}{ds} \right]$$

$$+ z \left[(G z'_u - F z'_v) \frac{dv}{ds} + (F z'_u - E z'_v) \frac{du}{ds} \right]$$

der Fall ist. Man bestätigt nun leicht durch direktes Ausrechnen, daß die Koeffizienten von x in beiden Ausdrücken übereinstimmen, d. h. daß

$$\left(y'_u \frac{du}{ds} + y'_v \frac{dv}{ds} \right) (x'_u y'_v - y'_u x'_v) - (z'_u x'_v - x'_u z'_v) \left(z'_u \frac{du}{ds} + z'_v \frac{dv}{ds} \right)$$
$$= (G x'_u - F x'_v) \frac{dv}{ds} + (F x'_u - E x'_v) \frac{du}{ds};$$

vertauscht man in dieser Gleichung x, y und z zyklisch, so entstehen zwei weitere Gleichungen, die die Übereinstimmung der Koeffizienten von y und z zum Ausdruck bringen. Damit ist der gewünschte Beweis geliefert.

2. Nehmen wir für einen Augenblick an, die Parameterkurven seien Krümmungslinien. Dann gelten die Formeln (A) und (B) gleichzeitig; die linken Seiten sind einander gleich, ebenso die Randintegrale, wie soeben bewiesen wurde; also müssen auch die Doppelintegrale übereinstimmen:

$$\iint\limits_{(\mathfrak{B})} [x\, D(x) + y\, D(y) + z\, D(z)]\, du\, dv = \iint\limits_{(\mathfrak{B})} 2\, H \begin{vmatrix} x & x'_u & x'_v \\ y & y'_u & y'_v \\ z & z'_u & z'_v \end{vmatrix} du\, dv;$$

dies muß auch für jeden beliebig kleinen Teilbereich $\mathfrak{B}'$ von $\mathfrak{B}$ gelten. Ist (u_0, v_0) eine beliebige Stelle in $\mathfrak{B}$, so kann man zwei positive Zahlen h und k derart finden, daß auch der durch die Ungleichungen

$$u_0 \leqq u \leqq u_0 + h, \quad v_0 \leqq v \leqq v_0 + k$$

definierte Bereich $\mathfrak{B}'$ nur Punkte von $\mathfrak{B}$ enthält; für $\mathfrak{B}'$ ergibt sich

$$\int_{u_0}^{u_0+h}\int_{v_0}^{v_0+k}\left(xD(x)+yD(y)+zD(z)-2H\begin{vmatrix} x & x'_u & x'_v \\ y & y'_u & y'_v \\ z & z'_u & z'_v \end{vmatrix}\right)du\,dv$$

$$=\left(xD(x)+yD(y)+zD(z)-2H\begin{vmatrix} x & x'_u & x'_v \\ y & y'_u & y'_v \\ z & z'_u & z'_v \end{vmatrix}\right)_{\substack{u_0+\vartheta_1 h,\\ v_0+\vartheta_2 k}} h\cdot k=0 \quad \binom{0<\vartheta_1<1,}{0<\vartheta_2<1}.$$

Da h und k beliebig klein sein konnten und (u_0, v_0) eine beliebige Stelle aus $\mathfrak{B}$ war, findet man hieraus wegen der Stetigkeit des betrachteten Ausdrucks in $\mathfrak{B}+\mathfrak{R}$ zunächst für $\mathfrak{B}$ und dann auch für $\mathfrak{B}+\mathfrak{R}$ die Gleichung

$$(14)\qquad xD(x)+yD(y)+zD(z)=2H(x,y,z)\begin{vmatrix} x & x'_u & x'_v \\ y & y'_u & y'_v \\ z & z'_u & z'_v \end{vmatrix}.$$

Ersetzt man in dieser Gleichung x, y und z beziehentlich durch $x+a$, $y+b$ und $z+c$, wo a, b und c drei willkürliche Konstanten sind, so geht sie wegen

$$D(x+a)=D(x),\ D(y+b)=D(y),\ D(z+c)=D(z),$$
$$H(x+a,y+b,z+c)=H(x,y,z)$$

über in

$$(15)\ (x+a)D(x)+(y+b)D(y)+(z+c)D(z)=2H(x,y,z)\begin{vmatrix} x+a & x'_u & x'_v \\ y+b & y'_u & y'_v \\ z+c & z'_u & z'_v \end{vmatrix};$$

subtrahiert man (14) von (15), so kommt

$$(16)\qquad aD(x)+bD(y)+cD(z)=2H(x,y,z)\begin{vmatrix} a & x'_u & x'_v \\ b & y'_u & y'_v \\ c & z'_u & z'_v \end{vmatrix}.$$

Setzt man nunmehr der Reihe nach

$$a=1,\ b=0,\ c=0;$$
$$a=0,\ b=1,\ c=0;$$
$$a=0,\ b=0,\ c=1,$$

so ergeben sich aus (16) die Gleichungen

$$D(x)=2H\begin{vmatrix} y'_u & y'_v \\ z'_u & z'_v \end{vmatrix}=2H\cdot X\sqrt{EG-F^2}\ \text{oder}\ \Delta x=2H\cdot X,$$

$$D(y)=2H\begin{vmatrix} z'_u & z'_v \\ x'_u & x'_v \end{vmatrix}=2H\cdot Y\sqrt{EG-F^2}\ \text{oder}\ \Delta y=2H\cdot Y,$$

$$D(z)=2H\begin{vmatrix} x'_u & x'_v \\ y'_u & y'_v \end{vmatrix}=2H\cdot Z\sqrt{EG-F^2}\ \text{oder}\ \Delta z=2H\cdot Z.$$

Dies sind gerade die Gleichungen (C). Wir wollen sie jetzt für den Fall eines **beliebigen** Systems von Parameterkurven beweisen. Dies soll durch direkte Rechnung geschehen; im Gegensatz zu der soeben durchgeführten nur der Orientierung dienenden Betrachtung ergibt sich dabei ein **zweiter Beweis der Formel** (A), **der auf die Formel** (B) **aufbaut.** Dabei braucht aber nur die erste der drei Gleichungen bewiesen zu werden; denn weiß man, daß auch bei Verwendung eines ganz beliebigen Parametersystems

$$D(x) = 2\,H(x, y, z)\begin{vmatrix} y'_u & y'_v \\ z'_u & z'_v \end{vmatrix}$$

ist, so liefert eine Vertauschung von y und x die zweite und eine Vertauschung von z und x die dritte der zu beweisenden Gleichungen (C).

Führt man die Differentiationen aus, so wird

$$\begin{aligned} D(x) &= \frac{\partial}{\partial u}\left(\frac{G x'_u - F x'_v}{\sqrt{EG-F^2}}\right) + \frac{\partial}{\partial v}\left(\frac{E x'_v - F x'_u}{\sqrt{EG-F^2}}\right) \\ &= \frac{1}{(EG-F^2)^{\frac{3}{2}}}\Big\{[EG-F^2]\,[G x''_{uu} + E x''_{vv} - 2 F x''_{uv} \\ &\quad + x'_v(E x'_v - F x'_u) + x'_u(G x'_u - F x'_v)] - \frac{1}{2}\,[(E x'_v - F x'_u) \\ &\quad \times (EG'_v - GE'_v - 2 FF'_v) + (G x'_u - F x'_v)(EG'_u + GE'_u - 2 FF'_u)]\Big\} \end{aligned}$$

oder weil

$$\begin{aligned} E'_v - F'_u &= \mathfrak{x}'_u \mathfrak{x}''_{uv} - \mathfrak{x}'_v \mathfrak{x}''_{uu}; \quad G'_u - F'_v = \mathfrak{x}'_v \mathfrak{x}''_{uv} - \mathfrak{x}'_u \mathfrak{x}''_{vv}, \\ EG'_v + GE'_v - 2FF'_v &= 2E(\mathfrak{x}'_v \mathfrak{x}''_{vv}) + 2G(\mathfrak{x}'_u \mathfrak{x}''_{uv}) - 2F(\mathfrak{x}'_u \mathfrak{x}''_{vv} + \mathfrak{x}'_v \mathfrak{x}''_{uv}), \\ EG'_u + GE'_u - 2FF'_u &= 2E(\mathfrak{x}'_v \mathfrak{x}''_{uv}) + 2G(\mathfrak{x}'_u \mathfrak{x}''_{uu}) - 2F(\mathfrak{x}'_u \mathfrak{x}''_{uv} + \mathfrak{x}''_{uu} \mathfrak{x}'_v), \end{aligned}$$

$$\begin{aligned} D(x) = \frac{1}{(EG-F^2)^{\frac{3}{2}}}\Big\{&[EG-F^2]\,[G x''_{uu} + E x''_{vv} - 2 F x''_{uv} \\ &+ x'_v(\mathfrak{x}'_u \mathfrak{x}''_{uv} - \mathfrak{x}'_v \mathfrak{x}''_{uu}) + x'_u(\mathfrak{x}'_v \mathfrak{x}''_{uv} - \mathfrak{x}'_u \mathfrak{x}''_{vv})] \\ &+ (F x'_u - E x'_v)\Big(E \mathfrak{x}'_v \mathfrak{x}''_{vv} + G \mathfrak{x}'_u \mathfrak{x}''_{uv} - F(\mathfrak{x}'_u \mathfrak{x}''_{vv} + \mathfrak{x}'_v \mathfrak{x}''_{uv})\Big) \\ &+ (F x'_v - G x'_u)\Big(E \mathfrak{x}'_v \mathfrak{x}''_{uv} + G \mathfrak{x}'_u \mathfrak{x}''_{uu} - F(\mathfrak{x}'_u \mathfrak{x}''_{uv} + \mathfrak{x}'_v \mathfrak{x}''_{uu})\Big)\Big\}. \end{aligned}$$

Die rechte Seite der zu beweisenden Gleichung ist

$$2H\begin{vmatrix} y'_u & y'_v \\ z'_u & z'_v \end{vmatrix} = \frac{1}{(EG-F^2)^{\frac{3}{2}}}\begin{vmatrix} E x''_{vv} - 2 F x''_{uv} + G x''_{uu}, & x'_u, & x'_v \\ E y''_{vv} - 2 F y''_{uv} + G y''_{uu}, & y'_u, & y'_v \\ E z''_{vv} - 2 F z''_{uv} + G z''_{uu}, & z'_u, & z'_u \end{vmatrix} \cdot \begin{vmatrix} y'_u & y'_v \\ z'_u & z'_v \end{vmatrix}.$$

Von dem gemeinsamen Faktor $(EG - F^2)^{-\frac{3}{2}}$ sehen wir von vornherein ab und haben dann die Identität der Ausdrücke

$$(17)\quad \begin{aligned}[EG-F^2]\big[G x''_{uu} - 2F x''_{uv} + E x''_{vv} + x'_v(\mathfrak{x}'_u \mathfrak{x}''_{uv} - \mathfrak{x}'_v \mathfrak{x}''_{uu}) \\ + x'_u(\mathfrak{x}'_v \mathfrak{x}''_{uv} + \mathfrak{x}'_v \mathfrak{x}''_{vv})\big] \\ + (F x'_u - E x'_v)\big(E \mathfrak{x}'_v \mathfrak{x}''_{vv} + G \mathfrak{x}'_u \mathfrak{x}''_{uv} - F(\mathfrak{x}'_u \mathfrak{x}''_{vv} + \mathfrak{x}'_v \mathfrak{x}''_{uv})\big) \\ + (F x'_v - G x'_u)\big(E \mathfrak{x}'_v \mathfrak{x}''_{uv} + G \mathfrak{x}'_u \mathfrak{x}''_{uu} - F(\mathfrak{x}'_u \mathfrak{x}''_{uv} + \mathfrak{x}'_v \mathfrak{x}''_{uu})\big)\end{aligned}$$

und

$$(18)\qquad \begin{vmatrix} E x''_{vv} - 2F x''_{uv} + G x''_{uu}, & x'_u, & x'_v \\ E y''_{vv} - 2F y''_{uv} + G y''_{uu}, & y'_u, & y'_v \\ E z''_{vv} - 2F z''_{uv} + G z''_{uu}, & z'_u, & z'_v \end{vmatrix} \cdot \begin{vmatrix} y'_u & y'_v \\ z'_u & z'_v \end{vmatrix}$$

nachzuweisen. Wir fassen sie auf als homogene lineare Ausdrücke in den neun Ableitungen zweiter Ordnung von x, y, z und vergleichen deren Koeffizienten.

In (17) hat x''_{uu} den Koeffizienten

$$\begin{aligned}(EG - F^2)(G - x'_v x'_v) + (F x'_v - G x'_u)(G x'_u - F x'_v) \\ = G(EG - F^2 - x'^2_v E + 2F x'_u x'_v - G x'^2_u)\end{aligned}$$

oder nach gehöriger Vereinfachung

$$G(y'^2_u z'^2_v - 2 y'_u y'_v z'_u z'_v + y'^2_v z'^2_u) = G \begin{vmatrix} y'_u & y'_v \\ z'_u & z'_v \end{vmatrix} \cdot \begin{vmatrix} y'_u & y'_v \\ z'_u & z'_v \end{vmatrix},$$

d. h. denselben Koeffizienten wie in (18).

In (17) hat x''_{uv} den Koeffizienten

$$\begin{aligned}(EG - F^2)(-2F + x'_u x'_v + x'_u x'_v) + (G x'_u - F x'_v)(F x'_u - E x'_v) \\ + (E x'_v - F x'_u)(F x'_v - G x'_u)\end{aligned}$$

oder nach leichter Reduktion

$$-2F(EG - F^2 - x'^2_v E + 2F x'_u x'_v - G x'^2_u),$$

also mit Verwendung der schon bei x''_{uu} durchgeführten Vereinfachung den Koeffizienten

$$-2F \begin{vmatrix} y'_u & y'_v \\ z'_u & z'_v \end{vmatrix} \cdot \begin{vmatrix} y'_u & y'_v \\ z'_u & z'_v \end{vmatrix},$$

d. h. denselben Koeffizienten wie in (18).

Für den Faktor von x''_{vv} in (17) findet sich analog:

$$\begin{aligned}(EG - F^2)(E - x'^2_u) + (E x'_v - F x'_u)(F x'_u - E x'_v) \\ = E(EG - F^2 - x'^2_v E + 2F x'_u x'_v - x'^2_u G) \\ = E \begin{vmatrix} y'_u & y'_v \\ z'_u & z'_v \end{vmatrix} \cdot \begin{vmatrix} y'_u & y'_v \\ z'_u & z'_v \end{vmatrix},\end{aligned}$$

d. h. dasselbe wie in (18).

In (17) hat y''_{uu} den Faktor

$$-(EG-F^2)x'_v y'_v+(Fx'_v-Gx'_u)(Gy'_u-Fy'_v)$$
$$=G(-Ex'_v y'_v+Fx'_v y'_u+Fx'_u y'_v-Gx'_u y'_u),$$

der nach gehöriger Vereinfachung die Gestalt

$$G(x'_v y'_u z'_u z'_v-x'_u y'_u z'^2_v-x'_v y'_v z'^2_u+x'_u y'_v z'_u z'_v)$$
$$=G\begin{vmatrix} z'_u & z'_v \\ x'_u & x'_v \end{vmatrix}\cdot\begin{vmatrix} y'_u & y'_v \\ z'_u & z'_v \end{vmatrix}$$

annimmt, also mit dem Faktor von y''_{uu} in (18) identisch ist.

Für die Koeffizienten von y''_{uv} und y''_{vv} in (17) findet man mit Verwendung der soeben erwähnten Vereinfachung die Gleichungen

$$(EG-F^2)(x'_v y'_u+x'_u y'_v)+(Fx'_u-Ex'_v)(Gy'_u-Fy'_v)$$
$$+(Fx'_v-Gx'_u)(Ey'_v-Fy'_u)$$
$$=-2F(Fx'_v y'_u+Fx'_u y'_v-Ex'_v y'_v-Gx'_u y'_u)$$
$$=-2F\begin{vmatrix} z'_u & z'_v \\ x'_u & x'_v \end{vmatrix}\cdot\begin{vmatrix} y'_u & y'_v \\ z'_u & z'_v \end{vmatrix},$$

bzw.:

$$-(EG-F^2)x'_u y'_u+(Fx'_u-Ex'_v)(Ey'_v-Fy'_u)$$
$$=E(-Gx'_u y'_u+Fx'_u y'_v-Ex'_v y'_v+Fx'_v y'_u)$$
$$=E\begin{vmatrix} z'_u & z'_v \\ x'_u & x'_v \end{vmatrix}\cdot\begin{vmatrix} y'_u & y'_v \\ z'_u & z'_v \end{vmatrix},$$

die die Gleichheit der Koeffizienten von y''_{uv} und y''_{vv} in den Ausdrücken (17) und (18) besagen.

Schließlich ergeben sich für die Koeffizienten von z''_{uu}, z''_{uv} und z''_{vv} in (17) einfach dadurch, daß man in den soeben vorgenommenen Umrechnungen der Faktoren von y''_{uu}, y''_{uv} und y''_{vv} die Buchstaben y und z vertauscht, die Umformungen

$$-(EG-F^2)x'_v z'_v+(Fx'_v-Gx'_u)(Gz'_u-Fz'_v)=G\begin{vmatrix} x'_u & x'_v \\ y'_u & y'_v \end{vmatrix}\cdot\begin{vmatrix} y'_u & y'_v \\ z'_u & z'_v \end{vmatrix},$$

$$(EG-F^2)(x'_v z'_u+x'_u z'_v)+(Fx'_u-Ex'_v)(Gz'_u-Fz'_v)$$
$$+(Fx'_v-Gx'_u)(Ez'_v-Fz'_u)=-2F\begin{vmatrix} x'_u & x'_v \\ y'_u & y'_v \end{vmatrix}\cdot\begin{vmatrix} y'_u & y'_v \\ z'_u & z'_v \end{vmatrix},$$

$$-(EG-F^2)x'_u z'_u+(Fx'_u-Ex'_v)(Ez'_v-Fz'_u)=E\begin{vmatrix} x'_u & x'_v \\ y'_u & y'_v \end{vmatrix}\cdot\begin{vmatrix} y'_u & y'_v \\ z'_u & z'_v \end{vmatrix},$$

die die Übereinstimmung der Koeffizienten von z''_{uu}, z''_{uv} und z''_{vv} in (17) und (18) zum Ausdruck bringen.

Damit sind nun auch für ein beliebiges Parametersystem die Gleichungen (C) bewiesen. Aus ihnen folgt, daß auch

$$x\,D(x)+y\,D(y)+z\,D(z)=2\,H\left(x\begin{vmatrix} y'_u & y'_v \\ z'_u & z'_v \end{vmatrix}+y\begin{vmatrix} z'_u & z'_v \\ x'_u & x'_v \end{vmatrix}+z\begin{vmatrix} x'_u & x'_v \\ y'_u & y'_v \end{vmatrix}\right)$$

$$=2\,H\begin{vmatrix} x & x'_u & x'_v \\ y & y'_u & y'_v \\ z & z'_u & z'_v \end{vmatrix},$$

und weiterhin, wenn wir das Ergebnis von Nr. 1 hinzunehmen, wegen (B):

$$O=\frac{1}{4}\oint\limits_{(\mathfrak{R})}\left\{\frac{G\dfrac{\partial\mathfrak{x}^2}{\partial u}\dfrac{dv}{ds}-E\dfrac{\partial\mathfrak{x}^2}{\partial v}\dfrac{du}{ds}}{\sqrt{EG-F^2}}+\frac{F}{\sqrt{EG-F^2}}\left[\frac{\partial\mathfrak{x}^2}{\partial u}\frac{du}{ds}-\frac{\partial\mathfrak{x}^2}{\partial v}\frac{dv}{ds}\right]\right\}ds$$

$$-\frac{1}{2}\iint\limits_{(\mathfrak{B})}[x\,D(x)+y\,D(y)+z\,D(z)]\,du\,dv$$

$$=\frac{1}{2}\oint\limits_{(\mathfrak{R})}\begin{vmatrix} x, & x'_u\dfrac{du}{ds}+x'_v\dfrac{dv}{ds}, & X \\ y, & y'_u\dfrac{du}{ds}+y'_v\dfrac{dv}{ds}, & Y \\ z, & z'_u\dfrac{du}{ds}+z'_v\dfrac{dv}{ds}, & Z \end{vmatrix}ds-\frac{1}{2}\iint\limits_{(\mathfrak{B})}2\,H\begin{vmatrix} x & x'_u & x'_v \\ y & y'_u & y'_v \\ z & z'_u & z'_v \end{vmatrix}du\,dv$$

Hiermit ist die Formel (A) aufs Neue und zwar für ein beliebiges System von Parameterkurven und gleichzeitig die Übereinstimmung der Formeln (A) und (B) bewiesen.

§ 5.

Anwendung auf Minimalflächenstücke.

Ist das Flächenstück (1) ein Minimalflächenstück, so ist, wie schon in § 1 erwähnt wurde,

$$\text{(D)}\qquad D(x)=0,\ D(y)=0,\ D(z)=0$$

oder

$$H=0.$$

Die Formel (A) geht dann über in

$$\text{(A)}_m\qquad O_m=\frac{1}{2}\oint\limits_{(\mathfrak{R})}\begin{vmatrix} x, & x'_u\dfrac{du}{ds}+x'_v\dfrac{dv}{ds}, & X \\ y, & y'_u\dfrac{du}{ds}+y'_v\dfrac{dv}{ds}, & Y \\ z, & z'_u\dfrac{du}{ds}+z'_v\dfrac{dv}{ds}, & Z \end{vmatrix}ds;$$

die Formel (B) geht über in

$$(\mathrm{B})_m \quad O_m = \frac{1}{4} \oint\limits_{(\mathfrak{R})} \left\{ \frac{G \frac{\partial \mathfrak{x}^2}{\partial u} \frac{dv}{ds} - E \frac{\partial \mathfrak{x}^2}{\partial v} \frac{du}{ds}}{\sqrt{EG - F^2}} + \frac{F}{\sqrt{EG - F^2}} \left[\frac{\partial \mathfrak{x}^2}{\partial u} \frac{du}{ds} - \frac{\partial \mathfrak{x}^2}{\partial v} \frac{dv}{ds} \right] \right\} ds$$

und erhält nach (B′) bei Verwendung isothermer Parameter ($E = G$, $F = 0$) die einfache Form:

$$(\mathrm{B}')_m \qquad O_m = \frac{1}{4} \oint\limits_{(\mathfrak{R})} \left\{ \frac{\partial \mathfrak{x}^2}{\partial u} \frac{dv}{ds} - \frac{\partial \mathfrak{x}^2}{\partial v} \frac{du}{ds} \right\} ds = -\frac{1}{4} \oint\limits_{(\mathfrak{R})} \frac{\partial \mathfrak{x}^2}{\partial n} ds.$$

Insbesondere ist jedes ebene Flächenstück Minimalflächenstück. Durch geeignete Wahl des Koordinatensystems kann man es dann einrichten, daß

$$x = u, \; y = v, \; z = 0; \; X = 0, \; Y = 0, \; Z = 1;$$

die Parameterkurven bilden hierbei ein isothermes Netz. Die Formel $(\mathrm{A})_m$ und die Formel

$$O_m = \frac{1}{4} \oint\limits_{(\mathfrak{R})} \left\{ \frac{\partial \mathfrak{x}^2}{\partial u} \frac{dv}{ds} - \frac{\partial \mathfrak{x}^2}{\partial v} \frac{du}{ds} \right\} ds$$

gehen über in die bekannte Formel für den Inhalt eines ebenen Flächenstücks

$$I = \frac{1}{2} \oint\limits_{(\mathfrak{R})} \begin{vmatrix} x & y \\ \frac{dx}{ds} & \frac{dy}{ds} \end{vmatrix} ds;$$

die Formel

$$O_m = -\frac{1}{4} \oint\limits_{(\mathfrak{R})} \frac{\partial \mathfrak{x}^2}{\partial n} ds$$

aber nimmt, wenn man den Fahrstrahl $\mathfrak{x}$ des Randpunktes $[x(s), y(s)]$ wie üblich mit $r = r(s)$ bezeichnet, die Form

$$I = -\frac{1}{4} \oint\limits_{(\mathfrak{R})} \frac{\partial r^2}{\partial n} ds = -\frac{1}{2} \oint\limits_{(\mathfrak{R})} r \frac{dr}{dn} ds$$

an. Dabei sind die Integrationen jeweils über den Rand $\mathfrak{R}$ des geschlossenen Bereiches der (x, y) — Ebene zu erstrecken, dessen (algebraischer) Inhalt bestimmt werden soll.

Wir wollen aus der Formel $(B)_m$ noch eine weitere Folgerung ziehen: Die Oberfläche O_m des Minimalflächenstückes muß gegenüber Translationen invariant sein. Bedeuten a, b und c drei beliebige Zahlen, so muß mit Benutzung einer leicht erklärlichen Abkürzung

$$O_m(x, y, z) = O_m(x + a, y + b, z + c)$$

sein. Da nach (2)

$$E(x,y,z)=E(x+a,y+b,z+c),\ F(x,y,z)=F(x+a,y+b,z+c),$$
$$G(x,y,z)=G(x+a,y+b,z+c)$$

und nach (10)

$$(\mathfrak{x}+\mathfrak{a})^2=\mathfrak{x}^2+2\,\mathfrak{a}\,\mathfrak{x}+\mathfrak{a}^2\ ^{1)}$$

ist, ergibt sich, daß

$$O_m(x+a,y+b,z+c)-O_m(x,y,z)$$

$$=\frac{a}{2}\oint_{(\mathfrak{R})}\left\{\frac{G\frac{\partial x}{\partial u}\frac{dv}{ds}-E\frac{\partial x}{\partial v}\frac{du}{ds}}{\sqrt{EG-F^2}}+\frac{F}{\sqrt{EG-F^2}}\left(\frac{\partial x}{\partial u}\frac{du}{ds}-\frac{\partial x}{\partial v}\frac{dv}{ds}\right)\right\}ds$$

$$+\frac{b}{2}\oint_{(\mathfrak{R})}\left\{\frac{G\frac{\partial y}{\partial u}\frac{dv}{ds}-E\frac{\partial y}{\partial v}\frac{du}{ds}}{\sqrt{EG-F^2}}+\frac{F}{\sqrt{EG-F^2}}\left(\frac{\partial y}{\partial u}\frac{du}{ds}-\frac{\partial y}{\partial v}\frac{dv}{ds}\right)\right\}ds$$

$$+\frac{c}{2}\oint_{(\mathfrak{R})}\left\{\frac{G\frac{\partial z}{\partial u}\frac{dv}{ds}-E\frac{\partial z}{\partial v}\frac{du}{ds}}{\sqrt{EG-F^2}}+\frac{F}{\sqrt{EG-F^2}}\left(\frac{\partial z}{\partial u}\frac{du}{ds}-\frac{\partial z}{\partial v}\frac{dv}{ds}\right)\right\}ds=0$$

sein muß. Beachtet man, daß jeder Teil eines Minimalflächenstückes selbst wieder Minimalflächenstück ist, so folgt hieraus wegen der Willkürlichkeit der Zahlen a, b und c:

Damit die Gleichungen

$$x=x(u,v),\ y=y(u,v),\ z=z(u,v)$$

ein Minimalflächenstück darstellen, muß längs jeder geschlossenen, sich nicht überschneidenden Kurve des Parameterbereiches

$$(19)\quad \left\{\begin{aligned}
&\oint\frac{(Fx'_u-Ex'_v)\frac{du}{ds}+(Gx'_u-Fx'_v)\frac{dv}{ds}}{\sqrt{EG-F^2}}ds=0,\\
&\oint\frac{(Fy'_u-Ey'_v)\frac{du}{ds}+(Gy'_u-Fy'_v)\frac{dv}{ds}}{\sqrt{EG-F^2}}ds=0,\\
&\oint\frac{(Fz'_u-Ez'_v)\frac{du}{ds}+(Gz'_u-Fz'_v)\frac{dv}{ds}}{\sqrt{EG-F^2}}ds=0
\end{aligned}\right.$$

sein.

Benutzt man isotherme Parameter, so werden diese Gleichungen einfach:

---

[1]) Der Vektor $\mathfrak{a}$ hat die Komponenten a, b, c.

$$\oint\left(\frac{\partial x}{\partial u}\frac{dv}{ds}-\frac{\partial x}{\partial v}\frac{du}{ds}\right)ds=0,$$

$$\oint\left(\frac{\partial y}{\partial u}\frac{dv}{ds}-\frac{\partial y}{\partial v}\frac{du}{ds}\right)ds=0,$$

$$\oint\left(\frac{\partial z}{\partial u}\frac{dv}{ds}-\frac{\partial z}{\partial v}\frac{du}{ds}\right)ds=0,$$

oder wenn man mit $\frac{\partial x}{\partial n}, \frac{\partial y}{\partial n}, \frac{\partial z}{\partial n}$ die Ableitungen der Funktion x, bzw. y, bzw. z nach der inneren Normalen der Integrationskurve bezeichnet:

$$\oint\frac{\partial x}{\partial n}ds=0,\ \oint\frac{\partial y}{\partial n}ds=0,\ \oint\frac{\partial z}{\partial n}ds=0.$$

Da aber jetzt wegen $E=G$ und $F=0$ die Differentialgleichungen (D) in die LAPLACEschen Differentialgleichungen

$$\frac{\partial^2 x}{\partial u^2}+\frac{\partial^2 x}{\partial v^2}=0,\ \frac{\partial^2 y}{\partial u^2}+\frac{\partial^2 y}{\partial v^2}=0,\ \frac{\partial^2 z}{\partial u^2}+\frac{\partial^2 z}{\partial v^2}=0$$

übergehen, werden wir in diesem Spezialfall auf eine bekannte Eigenschaft der Potentialfunktionen geführt, die sich in der durch die Gleichungen (19) festgelegten Weise auf die Lösungen des allgemeineren Differentialgleichungssystemes (D) überträgt.

Im Verlag von Walter de Gruyter & Co. vormals G. J. Göschen'sche Verlagshandlung — J. Guttentag, Verlagsbuchhandlung — Georg Reimer — Karl J. Trübner — Veit & Comp., Berlin erschienen:

Abteilung A. Mathematisch-physikalische Wissenschaften.

Jahrgang 1922.

1. Perron, Oskar. Neue Summationsmethoden und Entwicklungen nach Polynomen. Reichsmark 0·30
2. Perron, Oskar. Über transzendente Funktionen auf Riemannschen Flächen Reichsmark 0·60
3. Baldus, Richard. Über die singulären Punkte reeller Parameterkurven. Reichsmark 0·50

Jahrgang 1923.

1. Deecke, W. Mitteleuropäische Meeresströmungen der Vorzeit. Reichsmark 0·60
2. Liebmann, Heinrich. Die Lie'sche Cyklide und die Inversionskrümmung. Reichsmark 0·40
3. Perron, Oskar. Über Gleichungen ohne Affekt. Reichsmark 0·40
4. Liebmann, Heinrich. Beiträge zur Inversionsgeometrie III. Reichsmark 0·40
5. Kratzert, J. Beitrag zur Kenntnis des Andesins von Bodenmais Reichsmark 0·50

Jahrgang 1924.

1. Th. Curtius und A. Bertho. Einwirkung von Stickstoffkohlenoxyd und von Stickwasserstoffsäure unter Druck auf aromatische Kohlenwasserstoffe. Reichsmark 0·50
2. Liebmann, Heinrich. Umkehrung des Variationsproblems der ebenen Affingeometrie. Reichsmark 0·60
3. Salomon, Wilhelm. Die Intensitäten alluvialer und diluvialer geologischer Vorgänge und ihre Einwirkung auf die pliocäne Rumpffläche des Kraichgaues und Odenwaldes. Reichsmark 1·20
4. Hefftер, L. Zur absoluten Geometrie. Reichsmark 0·60
5. van Werveke, L. Über die Entstehung der lothringischen Lehme und des mittelrheinischen Lößes. Reichsmark 1·50
6. Krull, Wolfgang. Die verschiedenen Arten der Hauptidealringe. Reichsmark 0·50
7. Roeser, Ernst. Übergang von der nichteuklidischen Streckentrigonometrie zur Winkelmessung. Reichsmark 0·30
8. Wellstein, Julius. Zur Differentialgeometrie der isotropen Kurven. Reichsmark 1·50
9. Ewald, Rudolf. Die geodynamischen Erscheinungen des krystallinen Odenwaldes als Beispiel einer geoisostatischen Ausgleichsschwingung. Reichsmark 1·50
10. Voelcker, Ilse. Über eine ganz junge Verwerfung bei Rauenberg im Kraichgau. Reichsmark 0·30
11. Liebmann, Heinrich. Die Aufschließung von Differentialinvarianten Reichsmark 0·50

Abteilung B. Biologische Wissenschaften.

Jahrgang 1923.

1. Kossel, A. und R. E. Gross. Über die Darstellung und quantitative Bestimmung des Arginins. Reichsmark 0·30

Von Jahrgang 1925 ab findet die Trennung in Abteilung A und B nicht mehr statt.

Jahrgang 1925.

1. Heffter, Lothar. Zur absoluten Geometrie II. Reichsmark 0·50
2. Roeser, Ernst. Die komplementären Figuren der nichteuklidischen Ebene. Reichsmark 0·50
3. Fladt, Kuno. Neuer Beweis für die Zuordnung von rechtwinkligem Dreieck und Spitzeck in der hyperbolischen Elementargeometrie. Reichsmark 0·30
4. Salomon, Wilhelm. Beobachtungen über Harnische. Reichsmark 0·70
5. Loewy, A. Beiträge zur Algebra. 1—4. Reichsmark 1·—
6. Hellpach, Willy. 2. Mitteilung zur Physiognomik der deutschen Volksstämme. Reichsmark 0·30
7. Loewy, Alfred. Neue elementare Begründung und Erweiterung der Galoisschen Theorie. Reichsmark 2·—
8. Curtius, Theodor und Bertho, Alfred. Einwirkung von Stickstoffkohlenoxyd und von Stickstoffwasserstoffsäure unter Druck auf aromatische Kohlenwasserstoffe. Reichsmark 0·40
9. Roeser, Ernst. Die gnomonische Projektion in der hyperbolischen Geometrie. Reichsmark 0·70
10. Rasch, G. Uber die Ausnützung der Gezeiten des Meeres zur Energiegewinnung. Reichsmark 0·80
11. Salomon, Wilhelm. Magmatische Hebungen. Reichsmark 1·20
12. Pütter, A. Altersbestimmungen an Drachenbäumen von Tenerife. Reichsmark 0·90
13. Volk, Otto. Über geodätische rhombische Kurvennetze auf krummen Flächen, insbesondere auf Flächen konstanter Krümmung. Reichsmark 1·10
14. Roeser, Ernst. Die Fundamentalkonstruktion der hyperbolischen Geometrie. Reichsmark 1·40
15. Rüger, L. und Rüger-Haas, P. Palaeosemaeostoma geryonides v. Huene sp., eine sessile Meduse aus dem Dogger von Wehingen in Württemberg und Medusina liasica nov. sp., eine Coronatenähnliche Meduse aus dem mittleren Lias von Hechingen in Württemberg. Reichsmark 1·50

Jahrgang 1926.

1. Wolfgang Krull. Theorie und Anwendung der verallgemeinerten Abelschen Gruppen. Reichsmark 1·70.
2. Georg Klebs. Über periodisch wachsende tropische Baumarten. Reichsmark 1·20
3. Max Müller. Über die Oberfläche von Flächenstücken. Reichsmark 1·20.

Abhandlungen der Heidelberger Akademie der Wissenschaften

Mathematisch-naturwissenschaftliche Klasse

Abteilung A

12. Mohr, Ernst. Über den Zusammenhang zwischen der Struktur und den morphologischen Merkmalen des Diamanten. 1924. Reichsmark 3·50

Druck: Hermann Böhlaus Nachfolger Hof-Buchdruckerei G. m. b. H. Weimar.

FSC
www.fsc.org
MIX
Papier | Fördert gute Waldnutzung
FSC® C083411

Zeitfracht Medien GmbH
Ferdinand-Jühlke-Straße 7
99095 Erfurt, Deutschland
produktsicherheit@kolibri360.de